BEI GRIN MACHT SICH IHR WISSEN BEZAHLT

- Wir veröffentlichen Ihre Hausarbeit,
  Bachelor- und Masterarbeit

- Ihr eigenes eBook und Buch -
  weltweit in allen wichtigen Shops

- Verdienen Sie an jedem Verkauf

Jetzt bei www.GRIN.com hochladen und kostenlos publizieren

Lea Behrens

Mathematische Begabung in der Grundschule. Dokumentation und Reflexion der Sitzung „Schnittpunkte von Geraden" im Kurs „Matheforscher" der Hector-Kinderakademie

GRIN Verlag

Bibliografische Information der Deutschen Nationalbibliothek:

Die Deutsche Bibliothek verzeichnet diese Publikation in der Deutschen National-
bibliografie; detaillierte bibliografische Daten sind im Internet über http://dnb.d-
nb.de/ abrufbar.

Dieses Werk sowie alle darin enthaltenen einzelnen Beiträge und Abbildungen
sind urheberrechtlich geschützt. Jede Verwertung, die nicht ausdrücklich vom
Urheberrechtsschutz zugelassen ist, bedarf der vorherigen Zustimmung des Verla-
ges. Das gilt insbesondere für Vervielfältigungen, Bearbeitungen, Übersetzungen,
Mikroverfilmungen, Auswertungen durch Datenbanken und für die Einspeicherung
und Verarbeitung in elektronische Systeme. Alle Rechte, auch die des auszugsweisen
Nachdrucks, der fotomechanischen Wiedergabe (einschließlich Mikrokopie) sowie
der Auswertung durch Datenbanken oder ähnliche Einrichtungen, vorbehalten.

Impressum:

Copyright © 2014 GRIN Verlag GmbH
Druck und Bindung: Books on Demand GmbH, Norderstedt Germany
ISBN: 978-3-656-97542-7

Dieses Buch bei GRIN:

http://www.grin.com/de/e-book/301129/mathematische-begabung-in-der-grund-
schule-dokumentation-und-reflexion

GRIN - Your knowledge has value

Der GRIN Verlag publiziert seit 1998 wissenschaftliche Arbeiten von Studenten, Hochschullehrern und anderen Akademikern als eBook und gedrucktes Buch. Die Verlagswebsite www.grin.com ist die ideale Plattform zur Veröffentlichung von Hausarbeiten, Abschlussarbeiten, wissenschaftlichen Aufsätzen, Dissertationen und Fachbüchern.

Pädagogische Hochschule Freiburg
Fakultät für Mathematik, Naturwissenschaften und Technik
Institut für Mathematische Bildung

Mathematische Begabung in der Grundschule

Dokumentation und Reflexion der Sitzung „Schnittpunkte von Geraden" im Kurs „Matheforscher" der Hector-Kinderakademie

Förderung mathematisch begabter Grundschulkinder
Wintersemester 2013/14

Hauptseminarschein

Lea Behrens

Inhalt

Einleitung

Eine Definition für „Hochbegabung" ist nicht allzu einfach zu finden. Im Duden wird ‚hochbegabt' beschrieben als „sehr, über das durchschnittliche Maß, über die durchschnittliche Erwartung begabt"[1], Synonyme hierfür sind ‚talentiert', ‚genial' oder ‚äußerst befähigt'. Im deutschsprachigen Raum ist der Begriff in der Umgangssprache teilweise negativ konnotiert, da er mitunter als elitärer Begriff angesehen wird. [2]

Auch in der Wissenschaft gibt es keine allgemeingültige Definition. Hochbegabung wird oftmals als Sammelbegriff von Verhaltensmerkmalen hochbegabter Personen definiert. Da Hochbegabung abhängig von der Gesellschaft, dem kulturellen Hintergrund, Werten und Einstellungen, sowie auch dem vorherrschendem Schulsystem ist, kann eine allgemeingültige Definition gar nicht existieren.[3] Nichtsdestoweniger beginnt diese Arbeit mit dem Versuch, einen Überblick über den allgemeinen Begabungsbegriff zu geben, indem verschiedene Begabungsmodelle vorgestellt und verglichen werden. Darauf aufbauend wird auf die besondere Begabung im Bereich der Mathematik eingegangen. Der zweite Teil dieser Arbeit besteht aus der Förderstunde im Hectorkurs. Diese wird zuerst dargestellt und anschließend reflektiert. Im dritten und letzten Kapitel der Arbeit werden Eindrücke, Erfahrungen und persönlicher Lernzuwachs reflektiert.

---

[1] URL: http://www.duden.de/rechtschreibung/hochbegabt am 11.1.2014
[2] Vgl. Stapf, Aiga (2003): Hochbegabte Kinder. Persönlichkeit, Entwicklung, Förderung. München: Beck, S.14.-18.
[3] Vgl.: Bardy, Peter (2007): Mathematisch begabte Grundschulkinder. Diagnostik und Förderung. 1. Aufl. München: Elsevier Spektrum Akad. Verlag, S.10.

1. Begabungsbegriff

1.1 Pädagogischer Begabungsbegriff

Der pädagogische Begabungsbegriff ist von verschiedenen impliziten Theorien geprägt. Unterschieden wird oftmals zwischen den Kriterien Begabung, Leistung, Talent und Intelligenz, welche allerdings auch synonym gebraucht werden. Begabung sollte als Potenzial verstanden werden, mit welchem unter optimalen Umständen Außerordentliches geleistet werden kann, aber nicht zwingend muss. So sind „Begabungen an sich immer nur Möglichkeiten der Leistung, unumgängliche Vorbedingungen, sie bedeuten noch nicht die Leistung selbst."[4] Talent wird im Alltag auch oft als spezielle Begabung definiert, meist ist damit eine außerordentliche Begabung in einem bestimmten, eng umschriebenen Gebiet gemeint, wie beispielsweise der Gesang. In der Wissenschaft wird „Talent" in einigen Fällen bedeutungsgleich zu „Begabung" gehandhabt, in anderen jedoch stark abgegrenzt. In der von mir verwendeten Literatur wird „Talent" von „Begabung" abgegrenzt und eher als außerordentliche Leistung betrachtet.[5] Intelligenz wird im Alltag häufig mit Hochbegabung gleichgesetzt; auch im pädagogischen Begabungsbegriff war die Gleichstellung von Hochbegabung und einer überdurchschnittlich hohen Intelligenz in den eindimensionalen Ansätzen keine Seltenheit. Dies gilt mittlerweile allerdings als überholt, da die unterschiedlichen Stärken und Schwächen der Kinder detailliert dargestellt werden sollten, was sich durch die Angabe in Form eins IQ-Wertes als sehr schwierig gestaltet..[6] „Es ist also wichtig, dass Ergebnisse derartiger Tests nicht nur in Zahlen ausgedrückt werden, sondern detailliert Stärken und Schwächen der Kinder dargestellt werden. Intelligenz ist nicht mit mathematischer Begabung gleichzusetzen, Intelligenztests allein werden der [...] Komplexität des Begabungsbegriffs nicht gerecht."[7]

---

[4] Grassmann, Marianne; Heinze, Astrid (2009): Erkennen und Fördern mathematisch begabter Kinder. Anregungen und Erfahrungen aus einem Münsteraner Projekt. 1. Aufl. Braunschweig: Westermann, S.9-10.
[5] Vgl.: Ebd.
[6] Vgl.: Ebd., S.9-11.
[7] Ebd., S. 10.

1.2 Mehrdimensionale Begabungsmodelle

Aus dem Grund, dass alleiniges Betrachten eines hohen IQ-Wertes nicht genügt, um eine Hochbegabung ausreichend zu definieren, versuchen mehrdimensionale Modelle mehrere Kriterien zu berücksichtigen. Im Folgenden werden das „Drei-Ringe Modell" von Renzulli, das Begabungs- und Talent Modell von Gagné und das Münchner Hochbegabungsmodell genauer vorgestellt. Die jeweiligen Modellabbildungen befinden sich im Anhang.

1.2.1 Das „Drei-Ringe-Modell" von Renzulli

Dieses Modell geht davon aus, dass eine hohe Intelligenz zwar nicht ausreicht um eine Hochbegabung zu charakterisieren, jedoch trotzdem überdurchschnittlich hoch ausgeprägt sein muss. Ergänzt wird die überdurchschnittliche, nicht zwingend herausragende Intelligenz durch Kreativität und Motivation. Alle drei Persönlichkeitsmerkmale müssen nach Renzulli überdurchschnittlich ausgeprägt sein und erfolgreich zusammenspielen. Die dadurch entstehende Schnittmenge bezeichnet er als Hochbegabung.[8]

Zu den *überdurchschnittlichen Fähigkeiten* zählen nach Renzulli ein hohes Niveau in Schlussfolgerung und abstraktem Denken, räumlichem Vorstellungsvermögen, Erinnerung und sprachlicher Ausdrucksweise. Zudem eine gute situative Anpassungsfähigkeit, sowie eine schnelle Informationsverarbeitung. Motivation wird beschrieben als eine spezielle Form der Leistungsmotivation, welche geprägt wird von Ausdauer, Begeisterungsfähigkeit und Entschlossenheit, aber auch von gutem Umgang mit Kritik. Mit Kreativität ist vor allem die Art des Lösungsverhaltens gemeint, also originelle, flexible Wege im Denken und beim Lösen neuer Aufgabenarten, aber auch eine gewisse Risikobereitschaft in Denken und Handeln.[9]

Auch wenn dieses Modell bereits mehrere Faktoren betrachtet, welche vorhanden sein müssen um von Hochbegabung zu sprechen, ist die Intelligenz bzw. das Ergebnis eines Intelligenztestes immer noch eine Grundbedingung, auch wenn die anderen Eigenschaften den selben Stellenwert besitzen.[10] „Konkret bedeutet dies, dass ein Grundschulkind, das nachweislich über hohe intellektuelle Fähigkeiten verfügt, nur dann eine außergewöhnliche Leistung erbringen kann, wenn es sich von der jeweiligen Aufgabe/vom jeweiligen Problem in hohem Maße

---

[8] Vgl.: Bardy, S.17-18.
[9] Vgl.: Ebd., S.18.
[10] Vgl.: Ebd.

angesprochen und herausgefordert fühlt und die Möglichkeit besteht, kreativ tätig werden zu können"[11] Das heißt auch, dass ein Kind die passende Umgebung, also die richtigen Umweltfaktoren benötigt, um seine Begabung vollständig ausbilden oder zeigen zukönnen. Diese Faktoren werden von Renzulli allerdings nicht berücksichtigt, weshalb das Modell von Mönks um die Kriterien Schule, Peers und Familie erweitert wurde.[12] Hier müssen die inneren Faktoren miteinander, sowie mit den äußeren, harmonisch zusammenspielen.[13]

1.2.2 Das Begabungs- und Talentmodell von Gagné

Gagné unterscheidet in seinem Modell zwischen Begabung und Talent. Begabung, von ihm als ‚giftedness' bezeichnet, stellt angeborene Begabungsbereiche, wohingegen Talent nur für erbrachte Leistungen verwendet wird.[14]

In diesem Modell bedingen sich alle Faktoren gegenseitig. Hochbegabung ist für Gagné also nicht die Entwicklung und Ausdifferenzierung von Talenten durch Übung, sondern eine angeborene Fähigkeit, welche unabhängig von Leistung oder Anstrengungsbereitschaft ist. Die intrapersonalen und ökopsychologischen Katalysatoren beziehen sich auf die Umwelt des Kindes, also Familie, Freunde, Schule, etc. oder auf seine eigene Person, also innere Einstellung und Interesse. Diese Faktoren können Begabung allerdings hemmen bzw. fördern aber nicht ausbilden. Begabung muss sozusagen von Geburt aus vorhanden sein und kann sich durch positive Umstände in Ausbildung eines Talents zeigen.[15] Durch die Trennung von Begabung und Leistung bzw. hier Talent, nimmt Gagné auch Rücksicht auf die nicht leistungszeigenden Hochbegabten, die sogenannten Underachiever.

1.2.3 Das Münchner Hochbegabungsmodell

Ähnlich wie in Gagnés Modell, bezieht sich dieses Modell von Heller, Hany und Perleth, auch auf die Zusammenhänge von „[…]Kreativität und Intelligenz oder Umwelt und Begabung"[16]. Hochbegabung ist nach diesem Modell eine individuelle kognitive, motivationale und soziale Möglichkeit. Herausragende Leistungen können in verschiedenen Bereichen erbracht werden,

---

[11] Bardy, S.18.
[12] Vgl.: Ziegler, Albert (2008): Hochbegabung. München: Reinhardt, Ernst, UTB, S. 49.
[13] Vgl.: Bardy, S.20.
[14] Vgl.: Ebd., S. 20 21.
[15] Vgl.: Ebd.
[16] Ebd., S.22.

hier z. B. sprachlich, mathematisch, naturwissenschaftlich, technisch oder künstlerisch. Die Begabung bzw. Fähigkeit wird wieder von dem Leistungsbereich abgegrenzt. Wie bei Gagné, spielen hier die nicht-kognitiven Persönlichkeitsmerkmale und das sozialen Umweltmerkmale eine Rolle bei der Entstehung der Leistung. Die nicht-kognitiven Persönlichkeitsmerkmale sind um den Faktor der Kontrollüberzeugung erweitert worden. Damit ist gemeint, dass „die Ursache für ein Ereignis (z. B. gutes Prüfungsergebnis) in ihrer eigenen Person ansiedelt".[17] Die überragenden Leistungen in den genannten Bereichen sind durch die Begabungsfaktoren bedingt, die Umweltmerkmale und die nicht-kognitiven Persönlichkeitsmerkmale stehen mit ihnen in Beziehung, wobei in diesem Modell davon ausgegangen wird, dass die Umweltfaktoren weniger Einfluss auf die Begabung haben als die Persönlichkeitsmerkmale.[18]

Alle Modelle stimmen in drei Punkten überein. Hochbegabung wird als Fähigkeit zur Hochleistung betrachtet, also ist sie stets leistungsbezogen. Des Weiteren ist eine Hochbegabung allein nicht ausreichend, um überdurchschnittliche Leistungen erbringen zu können, da letztendlich das soziale Umfeld, die Umweltmerkmale und bestimmte Persönlichkeitsmerkmale vorhanden sein müssen. [19]

1.3 Mathematische Begabung

Der mathematische Begabungsbegriff ist ebenso komplex wie die allgemeine Begabung. Der folgende Abschnitt versucht eine mögliche Definition zu erarbeiten.

Zum einen muss für eine mathematische Begabung eine erfolgreiche und positive Einstellung im mathematischen Handeln vorliegen. Darüber hinaus wird sie durch Fähigkeiten umschrieben, die beim aktiven Umgang mit mathematischen Fragestellungen von Bedeutung sind.[20]

Auch für die mathematische Hochbegabung wurden Modelle entwickelt, die das Erkennen vereinfachen sollen. Als Beispiel soll hier das differenzierte mathematische Begabungs- und Talentmodell von Heinze, angelehnt an Modelle von Krutetskii und Käpnick, genannt werden.

---

[17] Bardy, S. 23.
[18] Vgl.: Ebd., S.22-24.
[19] Vgl.: Brunner, Esther; Gyseler, Dominik; Lienhard, Peter (2005): Hochbegabung - (k)ein Problem? Handbuch zur interdisziplinären Begabungs- und Begabtenförderung. 1. Aufl. Zug: Klett und Balmer, S.24.
[20] Vgl.: Grassmann, S.13.

Wie im Begabungs- und Talentmodell von Gagné wird hier die mathematische Begabung als Entwicklungsprozess beschrieben, indem sich die Fähigkeiten in mathematischen Leistungen, oder einem mathematischen Talent, zeigen. Die Kreativität kann die mathematische Leistung beeinflussen, dies ist allerdings nicht zwingend notwendig. Wie bei Gagné spielen die Umwelt- und Persönlichkeitseigenschaften eine große Rolle um gute mathematische Leistungen erzielen zu können.[21]

Als begabungsstützende Persönlichkeitsmerkmale werden Eigenschaften bezeichnet, wie z.B. eine positive Einstellung zur Mathematik, hohes Interesse an mathematischen Fragestellungen, Freude am Lösen mathematischer Probleme, mathematische Sensibilität, Hartnäckigkeit und Ausdauer bei der Beschäftigung mit Mathematik, Leistungsmotivation und Selbstständigkeit.[22]

Sind einige dieser Persönlichkeitsmerkmale vorhanden, kann durch Lernen und Üben ein Entwicklungsprozess stattfinden, welcher sich durch verschiedene Merkmale eines mathematischen Talents im Grundschulalter äußern kann.[23] Die Merkmale setzen sich zusammen aus der Fähigkeit Muster, Strukturen und Gesetzmäßigkeiten zu erkennen, mathematische Strukturen selbstständig wahrnehmen und verallgemeinern zu können, den Wechsel zwischen Repräsentationsebenen eigenständig zu bewältigen, Flexibilität gedanklicher Prozesse, gute Merkfähigkeit für mathematische Sachverhalte, gute räumliche Vorstellungskraft, mathematische Phantasie, Hypothesenbildung, der Fähigkeit komplexe Bedingungen zu erfassen und gute Problemlösefähigkeiten. Diese Merkmale sind oft unterschiedlich stark ausgeprägt und es sind nicht immer alle vorhanden, da es unterschiedliche Begabungsausprägungstypen gibt.

Für den Unterricht bedeutet das nicht, dass jede Lehrperson ein Experte in der Diagnose für Hochbegabung sein muss. Vielmehr muss der Unterricht in der Grundschule so differenziert sein, dass alle Schüler auf ihrem Niveau gefördert werden und somit auch besonders begabte Kinder die Möglichkeit haben, sich zu steigern. Die Lehrperson muss sensibel für die Stärken und Schwächen der Schüler sein, um sie angemessen fördern zu können und sich gegebenenfalls an die Eltern wenden, falls eine besondere Begabung vermutet werden kann.[24]

---

[21] Vgl.: Grassmann, S.15.
[22] Ebd., S.16.
[23] Vgl.: Ebd., S.16-17.
[24] Vgl.: Ebd., S.22.

6

2. Schnittpunkte von Geraden als Thema im Hector-Kurs

Zusammen mit zwei Kommilitoninnen wurde die Stunde zum Thema Schnittpunkte von Geraden ausgewählt. Zusammen wurde der Unterricht mit Hilfe des Werkes „Mathe für kleine Asse" vom Cornelsen Verlag vorbereitet. Zu Beginn dieses Kapitels soll das Thema nun inhaltlich in einer Sachanalyse dargestellt werden, anschließend wird die geplante Stunde ausformuliert und zuletzt reflektiert.

2.1 Sachanalyse zu „Schnittpunkte von Geraden"

Als *Gerade* wird eine gerade Linie bezeichnet, welche unendlich lang und dünn ist, da sie in beide Richtungen unbegrenzt ist. Geraden und Punkte zählen zu den Grundbausteinen der Elementargeometrie, in der modernen Mathematik gibt man für sie keine Definitionen an, sondern legt die Beziehungen zwischen ihnen durch Axiome, also als gültig geltende Wahrheit die keinen Beweis bedarf, fest. Eine Gerade wird somit durch zwei auf ihr liegende Punkte A und B eindeutig bestimmt. Gekennzeichnet werden Geraden durch kleine lateinische Buchstaben, meistens g, h, a, b, c etc. [25]

„Ein gemeinsamer Punkt mehrerer Geraden heißt *Schnittpunkt*."[26] Die Anzahl der Schnittpunkte hängt von der Menge der Geraden und deren Lage ab. Zwei Geraden in einer Ebene können höchstens einen Schnittpunkt haben, wenn nicht alle ihre Punkte zusammenfallen. Es wird davon abgesehen, diesen Fall bei den folgenden Beispielen zu nennen. Haben zwei Geraden einer Ebene keinen Schnittpunkt, spricht man von parallelen Geraden, oder Parallelen. Drei Geraden haben genau drei Schnittpunkte. Bei vier Geraden in einer Ebene, welche paarweise voneinander verschieden und nicht parallel zu einander verlaufen und „von denen keine drei durch einen gemeinsamen Punkt gehen"[27], haben zusammen sechs Schnittpunkte. Im Allgemeinen kann man folgende Formel für die maximale Anzahl der Schnittpunkte aufstellen: Bei n-Geraden gibt es $n(n-1)/2$ Schnittpunkte. [28]

---

[25] Vgl.: Gellert, Walter (1984): Mathematik. 2. Aufl. Thun: Harri Deutsch, S.156..
[26] Bosch, Karl (2000): Mathematik-Lexikon. Nachschlagewerk und Formelsammlung für Anwender. München: R. Oldenbourg, S.666.
[27] Gellert, S 157.
[28] Vgl.: Ebd.

Die folgende Tabelle zeigt die Möglichkeiten der Schnittpunkte für bis zu fünf Geraden:

Anzahl der Geraden	Anzahl der Schnittpunkte											Gesamtzahl der Möglichkeiten
	0	1	2	3	4	5	6	7	8	9	10	
1	X											1
2	X	X										2
3	X	X	X	X								4
4	X	X		X	X	X	X					6
5	X	X		X	X	X	X	X	X	X		9

[29]

2.2 Darstellung der geplanten Förderstunde

Als Einstieg dient eine kleine Problemlöseaufgabe, welche in abgeänderter Form im Lehrwerk „Mathe für kleine Asse" [30] zu finden ist. In einer fiktiven Geschichte sollen die Schülerinnen und Schüler[31] herausfinden, wie die Zeichnungen zweier Lehrpersonen aussehen, wenn die eine vier, die andere jedoch fünf Schnittpunkte erhalten hat. Im Unterrichtsgespräch wird geklärt, ob die SuS bereits über Vorwissen über Geraden und Schnittpunkte verfügen. Ist das nicht der Fall, werden die Begriffe *Gerade* und *Schnittpunkt* von der Lehrperson eingeführt und anschließend nochmals von einem der SuS wiederholt. Daraufhin sollen sie in Einzel- oder Partnerarbeit versuchen das gestellte Problem zu lösen. Im Vorfeld wurden allen SuS leere Blätter, Bleistifte und Geodreiecke ausgeteilt, auch Schaschlik-Spieße können in Anspruch genommen werden, um haptische Lerntypen zu unterstützen.

Zur Ergebnissicherung bekommen die SuS die Möglichkeit ihre Lösungen an der Tafel zu präsentieren und mit den Ergebnissen der Mitschüler/innen zu vergleichen. Hierbei soll auch der Begriff *parallel* geklärt werden, da dies der ausschlaggebende Unterschied der vier Geraden in der Lage zueinander ist. Für die folgenden Aufgaben wird den SuS hier bereits eine Tabelle (eine unausgefüllte Version der Tabelle aus 2.1) ausgeteilt, welche die Lehrperson am Tageslichtprojektor ausfüllt, damit die SuS erkennen können welche Varianten bereits erarbeitet wurden und damit sie sehen, wie die Lösungen strukturiert dargestellt werden können-

---

[29] Mathe für kleine Asse Käpnick, Friedhelm/ Fuchs, Mandy (2009): Mathe für kleine Asse. Empfehlungen zur Förderung mathematisch interessierter und begabter Kinder im 3. und 4. Schuljahr. Band 2. Berlin, S.64.
[30] Ebd., S.62.
[31] Im Folgenden mit SuS abgekürzt

Die zweite Arbeitsphase besteht daraus, dass die SuS nun versuchen sollen weitere mögliche Schnittpunktanzahlen mit vier Geraden zu zeichnen. Sie sollen mit der Methode Ich-Du-Wir arbeiten und anschließend gemeinsam mit der Lehrperson die Ergebnisse in die Tabelle eintragen. Auf diesem Schritt baut die dritte Arbeitsphase auf: Die Tabelle soll vollständig ausgefüllt werden, wofür die SuS die Anzahl der Geraden variieren müssen und durch Veränderungen der Lage der Geraden die Schnittpunktanzahl verändert wird.

Die Ergebnissicherung erfolgt erneut über die Tabelle am Tageslichtprojektor. Ebenso können besondere Ergebnisse vor der Klasse präsentiert werden.

Im Anschluss dazu bekommen die SuS Zugang zu verschiedenen Aufgaben zum Stundenthema in Form einer Lerntheke. Die Lehrperson stellt zuerst alle Aufgaben kurz vor, woraufhin die SuS in ihrem eigenen Tempo die Aufgaben in selbstgewählter Reihenfolge bearbeiten können. Für den Fall, dass einzelnen SuS das Stundenthema nicht zusagt, bekommen sie auch Zugang zu verschiedenen Knobelaufgaben. Es ist vorgesehen, dass die Besprechung der Aufgaben nach Bedarf erfolgt, falls Probleme auftreten, eine Aufgabe besonders gefällt oder überraschende Lösungen auftreten.

Zum Abschluss der Stunde dürfen die Schüler mit Daumenzeichen die Aufgaben bewerten. Wurden Aufgaben der Lerntheke nicht bearbeitet, dürfen die SuS sich die jeweiligen Arbeitsblätter mit nach Hause nehmen.

2.3 Reflexion der Förderstunde

Bereits bei der Planung wurden uns einige Schwierigkeiten bewusst. Auch wenn der Kurs bereits das dritte Mal stattfand, konnten wir schlecht einschätzen wie viel Zeit für die jeweiligen Aufgaben benötigt wird. Auch das Vorwissen der SuS war ein Problem, da sie von verschiedenen Schulen und Klassen kommen und wir nicht wussten, was vorauszusetzen ist und was nicht. So war uns z.B. nicht klar, ob die SuS Kenntnisse über Geraden und Schnittpunkte haben und wie ausführlich man diese Begriffe einführen muss. Darum wurde eine Einführung der Begriffe miteingeplant. Es war beeindruckend, wie schnell dem Großteil der SuS klar war, was Geraden und Schnittpunkte sind und wie sie problemlos damit arbeiten konnten. Auch zwei Schüler, welche zu spät gekommen sind und die Einführung größtenteils verpasst haben, hatten nach einer kurzen persönlichen Erklärung durch die Lehrperson oder einen Mitschüler keine Probleme dem Unterricht zu folgen. Im Gegenteil – einer der Nachzügler war sehr schnell bei der Bearbeitung und konnte auch verständlich erklären was er getan hat.

Zu Beginn der zweiten Arbeitsphase, in welcher geplant war, andere Schnittpunktanzahlen mit vier Geraden zu erhalten, wurden wir mit der überdurchschnittlichen Schnelligkeit der SuS überrascht. Die meisten haben bereits in der ersten Arbeitsphase, also während der Einstiegsaufgabe, die anderen Möglichkeiten gefunden und somit wurde dieser Schritt überfällig. Doch die Lehrperson hat spontan reagiert und die SuS mit der nächsten Aufgabe vertraut gemacht, wodurch dafür etwas mehr Zeit zur Verfügung stand.

Sie sollten mit bis zu fünf Geraden arbeiten um die verschiedenen Schnittpunktanzahlen der Tabelle ausfindig zu machen. Hier zeigte sich die Diversität der SuS sehr deutlich, manch einer ging sehr systematisch vor, wohingegen andere sehr chaotisch arbeiteten. So konnte man beispielsweise bei Schüler A sehen, wie er systematisch die Anzahl der Geraden veränderte und innerhalb der Anzahl die Lage der Geraden veränderte um weitere Schnittpunkte zu erhalten. Auf diese Weise konnte er die Aufgabe schnell lösen und zeigte, dass er das Thema schnell durchschaut hat. Doch auch wenn es bei Schüler B eher chaotisch ausgesehen hat, soll das nicht heißen, er hätte es nicht verstanden. Er ging bereits im Kopf einige Möglichkeiten durch, welche gar nicht erst auf Papier gebracht werden mussten und beschäftigte sich so von vornherein schneller mit den schwierigeren Aufgaben. Auch wenn ich keine Systematik in seinem Vorgehen erkannte, konnte Schüler B mir verständlich erklären, was er wann gemacht hat. Mir fiel ebenfalls auf, dass er sehr unmotiviert und lustlos aussah, als er die Aufgaben bearbeitet hat. Doch trotzdem arbeitete er beständig an den Aufgaben um eine Lösung zu erhalten und nahm sich am Ende der Stunde auch noch die anderen Aufgabenblätter mit nach Hause. Dies zeigt mir, dass ihm das Thema zugesagt hat und Interesse geweckt wurde, auch wenn er äußerlich einen anderen Eindruck hinterließ.

Es war auch zu beobachten, dass der Einsatz der Holzspieße vielen Schülern geholfen hat, mit den Geraden beweglicher zu operieren. Mit den Spießen hatten die meisten weniger Probleme, jedoch war es öfters der Fall, dass das Ergebnis dann nicht ordentlich auf Papier gebracht wurde. Bei Schüler B konnte ich beobachten, dass er Probleme hatte zehn Schnittpunkte mit fünf Geraden zu erhalten. Ich habe ihm angeboten, dass er die Spieße zur Hilfe nehmen könnte, was er zunächst ablehnte. Nach einigen Minuten brachte ihm ein anderer Student die Spieße und Schüler B hantierte damit, woraufhin er die Lösung nach kurzer Zeit herausfand.

Die Ergebnissicherung verlief etwas chaotischer als es von uns geplant war. Obwohl die Schüler ihre Ergebnisse zum Großteil richtig in ihre Tabellen eingetragen hatten, war nicht klar, ob das nun auch am Tageslichtprojektor geschieht. Die Tatsache, dass wir lediglich einen wasserfesten Folienstift zur Hand hatten, dramatisierte das Problem. Das war allerdings eher ein Planungsfehler unsererseits und wird in zukünftigen Stunden nicht mehr vorkommen. Man sollte während die SuS arbeiten auch schauen, wer die Tabelle mit Sicherheit korrekt ausgefüllt hat und wasserlösliche Folienstifte benutzen, um unstrukturierte, chaotische Situationen vor der Klasse zu vermeiden.

Die Lerntheke erwies sich als praktikabel. Die Schüler bearbeiteten die Aufgaben motiviert und blieben bei der Sache. Obwohl wir bei der Vorbereitung Bedenken hatte, ob das Stundenthema vielleicht zu trocken sei und die SuS nicht lange motivieren würde, da es im Vergleich zu den vorhergegangenen Stunden eher theoretisch war, hatten die Kinder Freude beim Bearbeiten der Aufgaben und zeigten reges Interesse.

Im Allgemeinen lies sich beobachten, dass es allen Schülern gelang, das Thema zu verstehen. Das Stundenthema wurde vor allem auch sehr schnell verstanden und sie waren in der Lage die Aufgaben zu bearbeiten. Auch in dieser Gruppe war die Heterogenität zwar bemerkbar, allerdings geringer als in einer „normalen" Schulklasse.

3. Reflexion des eigenen Lernprozesses

Im Alltag wird jeder mehr oder weniger mit dem Thema Hochbegabung konfrontiert. Manche haben Bekannte in ihrem Umfeld oder hatten einen besonders begabten Klassenkameraden zu ihrer Schulzeit. Das Thema taucht auch hin und wieder in den Medien auf und woher man verschiedenste Informationen aufnimmt. Doch ich persönlich hatte nicht das Gefühl, wirklich etwas über dieses Thema zu wissen und hatte auch nie persönlichen Kontakt zu Hochbegabten, obwohl es in meiner Heimatstadt das Landesgymnasium für Hochbegabte (kurz LGH) gibt. Doch da das LGH ein Internat ist, spielt sich das Leben der hochbegabten Schülern hauptsächlich auf dem Campus ab. Zusammentreffen mit den Schülern der örtlichen Gymnasien, welche jährlich einige Projekte gemeinsam organisieren, kamen so nie zu Stande. Leider kam es durch diese „Isolation" eher zu einer Art Abneigung der anderen Schulen gegenüber dem LGH. Diese Erfahrung war, neben meinem angestrebten Berufsziel, auch ein

Grund für die Auswahl des Seminars. Besonders interessant war für mich, dass begabte Kinder in den Klassen keine Seltenheit sind. Wenn zwei bis fünf Prozent der Grundschulkinder überdurchschnittlich begabt sind, sind somit „in großen Schulen mit einer Jahrgangsstärke von 100 Schüler/innen ca. 2-5 solche Kinder in einem Jahrgang."[32] Für die Lehrperson ist es darum sehr wichtig, die Lernprozesse der Schüler sehr genau zu beobachten, ungewöhnlichen Lösungswegen mehr Beachtung zu schenken und auch kompliziert oder gar falsch wirkende Lösungen nachzuvollziehen. Der Unterricht muss dafür natürlich angepasst werden, da es sehr viel Zeit benötigt. Eine Einzelbetreuung ist natürlich nicht in jeder einzelnen Stunde machbar, aber in regelmäßigen Abständen sollte die Lehrperson so einen Überblick über ihre SuS bekommen, und kann so mögliche Begabungen von Over- und Underachievern erkennen. Aber natürlich würden alle, auch die schwächeren Schüler, von einer solchen Unterrichtsatmosphäre profitieren. Das Seminar hat mir ein weiteres Mal gezeigt, wie wichtig es ist einen differenzierten Unterricht durchzuführen, dabei nicht nur die schwächeren Schüler zu berücksichtigen, sondern das komplette Leistungsspektrum der Klasse abzudecken, sodass alle SuS auf ihrem Niveau lernen können.

Zu Beginn des Seminars bekamen wir die Aufgabe gestellt, unsere impliziten Theorien zu Hochbegabung aufzuschreiben um am Ende des Semesters den Lernzuwachs erkennen zu können. Meine implizite Theorie bestand größtenteils aus dem Bild des Underachievers. Ich hatte bereits gehört, dass begabte Schüler oftmals nicht in allen Bereichen die gleichen herausragenden Leistungen zeigen, sondern sich oft auf bestimmte Bereiche beschränken. Die sozialen Kompetenzen bei Hochbegabten sind eher schlecht ausgeprägt, obwohl sie einen überdurchschnittlich hohen Intelligenzquotienten besitzen. Aufgrund der Unterforderung in der Schule und die dadurch entstehende Langeweile dieser SuS zeigen sie oftmals schlechte Leistungen und fallen der Lehrperson eher negativ auf. Für eine kompetente Förderung der SuS sollten sie eine Hochbegabten-Schule besuchen, doch dafür muss diese besondere Begabung erstmal festgestellt werden, was für die Lehrperson durch genannte Gründe schwierig sein kann.

Durch das Seminar wurden viele dieser Ideen ergänzt und korrigiert. So zum Beispiel, dass es verschiedene Typen gibt: Die Over- und Underachiever. Meine implizite Theorie trifft eher nur auf die Underachiever zu, doch es gibt auch Hochbegabte, die nicht so sind und ihre Leistungen auch zeigen, wenn sie unterfordert sind. Auch für Overachiever ist es aber wichtig,

---

[32] Schulte Berge, Sabine zu (2001): Hochbegabte Kinder in der Grundschule. Erkennen - Verstehen - im Unterricht berücksichtigen. Münster: Lit Verlag, S.118.

dass sie auf ihrem Niveau weiter gefördert werden, um ihr Potenzial auszuschöpfen und sich dementsprechend entfalten zu können. Es ist ebenfalls nicht der Fall, dass alle hochbegabten Kinder Schwierigkeiten im sozialen Umgang mit Altersgenossen haben. Selbst wenn man die Beobachtung teilweise machen kann, ist es nicht die Regel, was im Hectorkurs beobachtet werden konnte. Einige Kinder arbeiten eher für sich alleine oder wenden sich gerne an Erwachsene, jedoch nicht an ihre Mitschüler. Im Hectorkurs hatte ich den Eindruck, dass diese Annahme stimmt. Die meisten arbeiteten gerne für sich, oder mit einem der Studenten zusammen. Doch auch diese Aussage lässt sich wohl nicht verallgemeinern.

Die Arbeitshaltung ist ein markantes Merkmal, sie haben mehr Ehrgeiz oder Durchhaltevermögen und können sich länger mit einer schwierigen Aufgabe beschäftigen. Problemlöse- und Knobelaufgaben sind beispielsweise sehr gut geeignet. Ihre eher hohen Leistungsziele möchten sie oft durch unabhängiges, eigenständiges Arbeiten erreichen, darum sollte man Partner- und Gruppenarbeit eher auf freiwilliger Basis anbieten und sie nicht dazu zwingen.

Auffällig ist bei vielen zudem das gut ausgeprägte Verständnis von gut und böse im Sozialverhalten mit anderen, auch körperliche Gewalt wird eher abgelehnt. Oft sind begabte Kinder organisierter und geplanter in ihrem Denken und Handeln. Ebenso stellen sie gerne Regeln und Rituale in Frage, sowie die Lehrperson im Allgemeinen. Diese Eigenschaften wurden im Seminar genannt, und können sicher oftmals zutreffen. Ich fand es zudem sehr interessant, dass Parallelen zum Sozialverhalten von Kindern mit ADHS zu erkennen sind, und fände es interessant, ob es dazu einen Zusammenhang gibt.

Im Allgemeinen denke ich, dass sich meine implizite Theorie erweitert hat, und die eher negativen Konnotationen korrigiert wurden, welche ich während meiner Schulzeit entwickelt hatte. Sie ist nun vielschichtiger und aufgeschlossener, besonders begabte Kinder werden nicht automatisch als kleine Genies gesehen, sondern als liebenswerte, sympathische Kinder.

Besonders gefallen hat mir, dass wir die Kinder im Hectorkurs kennengelernt haben. Nach dem theoretischen Teil des Seminars haben wir in der Gruppe noch befürchtet, dass alles, was wir für die SuS vorbereiten, zu anspruchslos ist und wir sie unterfordern würden. Aber ich denke, es ist allen Gruppen gelungen die Themen auf dem richtigen Niveau vorzustellen, sodass alle Kinder Spaß an dem Kurs hatten. Durch das Kennenlernen der Kinder muss man als herangehende Lehrperson nun auch keine Angst haben, später einmal ein hochbegabtes Kind in der eigenen Klasse zu haben.

Fazit

Abschließend lässt sich festhalten, dass man als Lehrperson an einer Grundschule immer verschiedene Leistungsniveaus und Lerntypen in ein und derselben Klasse hat und es stets wichtig ist, dieser Heterogenität mit dem geplanten Unterricht gerecht zu werden, um so alle Kinder auf ihrem Niveau zu fördern. Dass dies nicht immer einfach ist, habe ich wieder einmal bei der Vorbereitung der Stunde des Hektorkurses bemerkt, auch wenn es sich hier um eine sehr leistungsstarke Gruppe handelte.

Während des Studiums wird den Lehramtsstudenten diese Tatsache mehrmals klar gemacht, doch meist sind damit die durchschnittlichen Unterschiede gemeint. Dieses Seminar und diese Arbeit gingen jedoch auf einen überdurchschnittlichen Unterschied ein, welcher in bisherigen Seminaren meines Studiums eher unbeachtet geblieben sind. In vielen Seminaren wird darauf eingegangen, die besonders schwachen Schüler und Schülerinnen miteinzubeziehen, die besonders begabten unter ihnen werden allerdings kaum erwähnt. Es ist jedoch wichtig, diese Tatsache auch zu behandeln, um so Ängste vor sogenannten kleinen Genies in der eigenen Klasse abzubauen und diese Kinder genau so zu fördern. An der Pädagogischen Hochschule sollte das Thema Hochbegabung öfters behandelt werden, um die Vielfalt in der Grundschule genauer zu beschreiben.

Literaturverzeichnis

Bardy, Peter (2007): Mathematisch begabte Grundschulkinder. Diagnostik und Förderung. 1. Aufl. München: Elsevier Spektrum Akad. Verlag.

Bergsmann, Roswitha (2000): Hochbegabung. Eine Chance. Wien: Facultas.

Bosch, Karl (2000): Mathematik-Lexikon. Nachschlagewerk und Formelsammlung für Anwender. München: R. Oldenbourg.

Broome, Patrick (1998): Implizite Begabungstheorien und erlernte Hilflosigkeit. Frankfurt am Main [u.a.]: Lang (Europäische Hochschulschriften Reihe 6, Psychologie, 617).

Grassmann, Marianne; Heinze, Astrid (2009): Erkennen und Fördern mathematisch begabter Kinder. Anregungen und Erfahrungen aus einem Münsteraner Projekt. 1. Aufl. Braunschweig: Westermann.

Gellert, Walter (1984): Mathematik. 2. Aufl. Thun: Harri Deutsch

Mathe für kleine Asse Käpnick, Friedhelm/ Fuchs, Mandy (2009): Mathe für kleine Asse. Empfehlungen zur Förderung mathematisch interessierter und begabter Kinder im 3. und 4. Schuljahr. Band 2. Berlin.

Schulte Berge, Sabine zu (2001): Hochbegabte Kinder in der Grundschule. Erkennen - Verstehen - im Unterricht berücksichtigen. Münster: Lit Verlag.

Stapf, Aiga (2003): Hochbegabte Kinder. Persönlichkeit, Entwicklung, Förderung ; [mit ausführlichem Adreßverzeichnis für Deutschland, Österreich und die Schweiz]. München: Beck.

Ziegler, Albert (2008): Hochbegabung. München: Reinhardt, Ernst, UTB.

Anhang

Veranschaulichung zu den Modellen

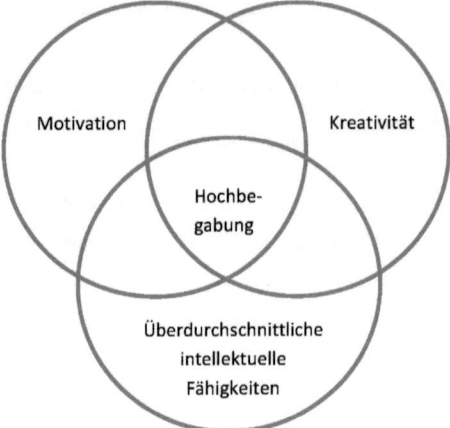

Abbildung 1: Drei-Ringe-Modell von Renzulli (nach Bardy 2007, S.17)

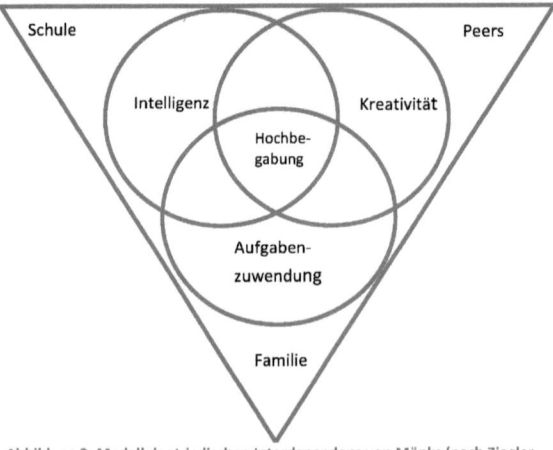

Abbildung 2: Modell der triadischen Interdependenz von Mönks (nach Ziegler 2008, S.49)

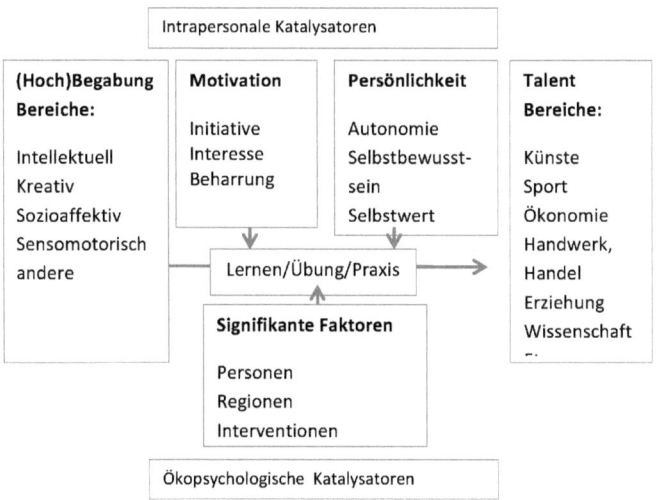

Intrapersonale Katalysatoren
(Hoch)Begabung
Bereiche:
Intellektuell
Kreativ
Sozioaffektiv
Sensomotorisch
andere
Motivation
Initiative
Interesse
Beharrung
Persönlichkeit
Autonomie
Selbstbewusst-
sein
Selbstwert
Talent
Bereiche:
Künste
Sport
Ökonomie
Handwerk,
Handel
Erziehung
Wissenschaft
Lernen/Übung/Praxis
Signifikante Faktoren
Personen
Regionen
Interventionen
Ökopsychologische Katalysatoren

Abbildung 3: Das Modell von Gagné (nach Bardy 2007, S.21)

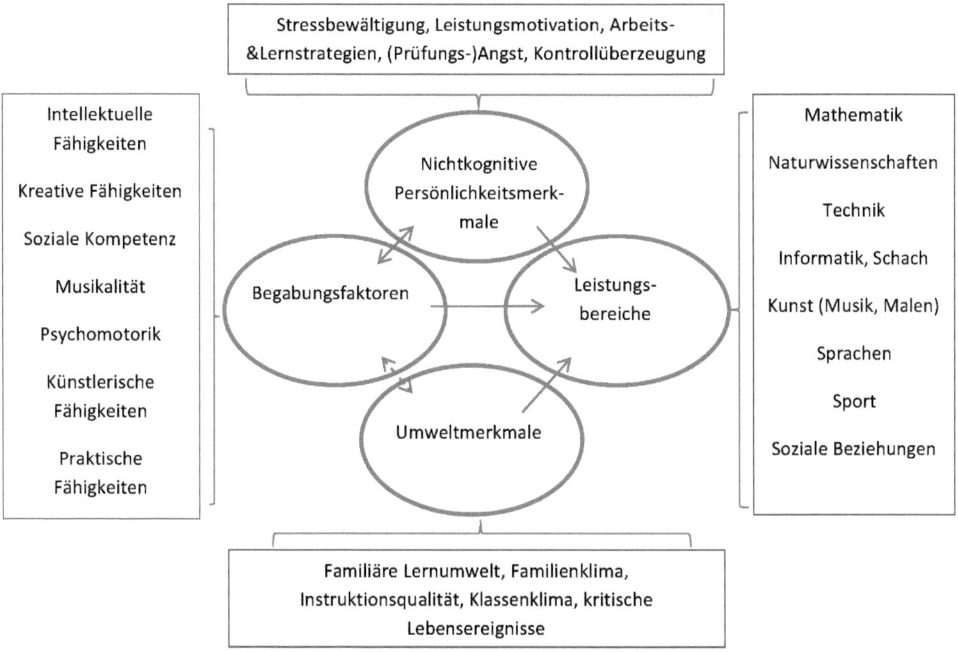

Stressbewältigung, Leistungsmotivation, Arbeits-
&Lernstrategien, (Prüfungs-)Angst, Kontrollüberzeugung
Intellektuelle
Fähigkeiten
Kreative Fähigkeiten
Soziale Kompetenz
Musikalität
Psychomotorik
Künstlerische
Fähigkeiten
Praktische
Fähigkeiten
Nichtkognitive
Persönlichkeitsmerk-
male
Begabungsfaktoren
Leistungs-
bereiche
Umweltmerkmale
Mathematik
Naturwissenschaften
Technik
Informatik, Schach
Kunst (Musik, Malen)
Sprachen
Sport
Soziale Beziehungen
Familiäre Lernumwelt, Familienklima,
Instruktionsqualität, Klassenklima, kritische
Lebensereignisse

Abbildung 4: Das Münchener Hochbegabungsmodell (nach Bardy 2007, S.22)

Verlaufsskizze

Zeit	Phase	Lehreraktivität	Schüleraktivität	Sozialform	Medien
16:15	Begrüßung/Einstieg	Stellen sich vor L. erläutert das Einstiegsproblem, gibt ggf. kurze Erklärung zu Geraden und Schnittpunkten	Zählen Schnittpunkte, denken mit	Plenum	Tafel Lineal Kreide
16:20	Arbeitsphase 1	Betreuen, geben Hilfestellungen	Schüler versuchen gesuchte Schnittpunkte mit 4 Geraden zu erhalten	Einzel- oder Partnerarbeit	Blätter Lineal Bleistift
16:25	Besprechung	Ergebnisse sammeln und vergleichen, gibt SuS die Möglichkeit an die Tafel zu kommen Tabelle soll exemplarisch für 4, 5 Schnittpunkte bei 4 Geraden ausgefüllt werden	Teilen ihre Ergebnisse, einzelne Schülerlösungen sollen an der Tafel gezeigt werden, ruhiges aufmerksamen Verhalten der restlichen SuS Tragen die Ergebnisse in die Tabelle ein	Plenum	OHP Tafel Folie Folienstifte AB: Tabelle
16:35	Arbeitsphase 2	L. leitet nächsten Arbeitsauftrag ein, weitere Schnittpunktmöglichkeiten von 4 Geraden zu finden	Schüler erarbeiten die Lösung, tragen Ergebnisse in die Tabelle ein	den Schülern freigestellt	AB Blätter Lineal Bleistift
16:40	Besprechung	Kontrolle der Tabelle	Schüler teilen ihre Ergebnisse, verbessern ggf. ihre Tabelle	Plenum	OHP

Zeit	Phase	Lehreraktivität	Schüleraktivität	Sozialform	Medien
16:45	Arbeitsphase3	Führt nächsten Arbeitsschritt ein: Die Geradenanzahl soll verändert werden, sodass die Tabelle vollständig ausgefüllt werden kann, L. beobachtet, gibt ggf. Hilfestellung	Erarbeiten die möglichen Schnittpunke für 1/2/3/5 Geraden	Einzel- oder Partnerarbeit	Tabelle Lineal Bleistift Blätter
17:05	Besprechung	Leitet Ergebnissicherung, ruft einzelne SuS auf, welche Ergebnisse in Tabelle eintragen, ggf. Diskussion über unmögliche Schnittpunktzahlen	Teilen Ergebnisse, einige sind bereit vor der Klasse ihre Ergebnisse in die Tabelle am OHP einzutragen Restliche SuS verhalten sich aufmerksam und ruhig kontrollieren eigene Ergebnisse	Plenum	OHP Tabelle
17:10	Arbeitsphase 4	L. stellt Lerntheke kurz vor, erläutert einzelne Aufgaben und Ablauf der Lerntheke Beobachtet, gibt gg. Hilfestellung Behält die Zeit im Auge	Erarbeiten Aufgaben aus der Lerntheke nach eigenem Tempo, ruhiges Verhalten, dürfen auch mit Partner arbeiten	Einzel- oder Partnerarbeit	Blätter Stifte ABs der Lerntheke
17:40	Feedback	L. führt Sus an der Lerntheke entlang, fordert SuS auf, die einzelnen Aufgaben mit	Teilen Empfinden über die Stunde und zu den einzelnen Aufgaben mit, können nicht bearbeitete	Unterrichtsgespräch	

Hand- bzw Daumen-zeichen zu bewerten.
Gibt SuS die Möglichkeit Positives/Negatives aus der Sitzung auszudrücken

Aufgaben mit nach Hause nehmen